BEI GRIN MACHT SICH IHR WISSEN BEZAHLT

- Wir veröffentlichen Ihre Hausarbeit,
  Bachelor- und Masterarbeit

- Ihr eigenes eBook und Buch -
  weltweit in allen wichtigen Shops

- Verdienen Sie an jedem Verkauf

Jetzt bei www.GRIN.com hochladen
und kostenlos publizieren

Anna Trinks

Der EU-Beitritt der Türkei: Auswirkungen auf Mitteleuropa und den „Westlichen Balkan"

GRIN Verlag

Impressum:

Copyright © 2006 GRIN Verlag GmbH
Druck und Bindung: Books on Demand GmbH, Norderstedt Germany
ISBN: 978-3-640-28287-6

Universität Tübingen

Geographisches Institut

Hauptseminar: Regionale Geographie Südosteuropas

Sommersemester 2006

Der EU-Beitritt der Türkei: Auswirkungen auf Mitteleuropa und den „Westlichen Balkan"

vorgelegt von:

Anna Trinks

Geographie: Diplom, 6. Fachsemester

Inhalt

II. Abbildungsverzeichnis

III. Tabellenverzeichnis

1. Einleitung

Gehört die Türkei zu Europa? Diese Frage beschäftigt derzeit nicht nur die Politiker aller europäischen Länder, sondern wird auch intensiv in allen gesellschaftlichen Schichten der europäischen Bevölkerung diskutiert.

Am 3. Oktober begannen offiziell die Beitrittsverhandlungen zwischen der Europäischen Union und der Türkei. Die Debatte ob und wann ein Beitritt stattfinden soll, wird begleitet von zahlreichen Streitigkeiten zwischen Befürwortern und Gegnern. Ein viel zitiertes Argument seitens der Skeptiker bezieht sich auf die herrschenden kulturellen Unterschiede zwischen Europa und der Türkei und sehen keine Aussicht auf eine erfolgreiche politische Integration. Demgegenüber verweisen die Befürworter auf die zentrale Rolle der Türkei die die europäische Geschichte maßgeblich mitgestaltet hat. Mit der Integration eines islamischen aber demokratisch-laizistischen Staates würde eine Vorbildfunktion für die übrige islamische Welt konzipiert werden und dadurch ein gemäßigteres „Klima" zwischen der westlichen Welt und der islamischen Welt entstehen.

Die Vielschichtigkeit dieser Debatte zeigt, wie kompliziert die Frage nach einer eventuellen Mitgliedschaft der Türkei ist. Beide Lager scheinen Gefahren aber auch Chancen zu sehen und so stellt sich die Frage der vorliegenden Arbeit, welche Konsequenzen ein EU-Beitritt der Türkei haben könnte. Dabei stellt sich die Frage für Mitteleuropa, welches in dieser Arbeit mit der EU gleichgesetzt wird. Kann die EU ein so armes und großes Land wirtschaftlich überhaupt verkraften? Und wie verändern sich die institutionellen Konstellationen der EU?

Doch reicht es bei weitem nicht, ausschließlich die Auswirkungen auf die derzeitige Europäische Union zu betrachten. Die Türkei stellt auch in geographischer Hinsicht ein Bindeglied zwischen Ost und West dar. Welche Auswirkungen also gäbe es weiterhin für den „Westlichen Balkan"?

Für Beide, EU und dem „Westlichen Balkan" werden im Laufe dieser Arbeit jeweils differenzierte Sichtweisen von positiver als auch von negativer Seite aufgezeigt und analysiert.

2. Die Türkei und Europa

2.1 Die Geschichte der Beziehungen des Türkentums und Europas

Die Genese der ambivalenten Beziehungen zwischen Europa und der Türkei reicht mitnichten nur in die letzten 50 Jahre zurück, in denen die Türkei Verhandlungen zur EU Aufnahme praktiziert. Vielmehr reichen die Beziehungen bis in das 14. bis 18. Jahrhundert, in welcher Zeit die Türken die Inkarnation von Gewalt, Blut und Krieg für Europa waren und das Osmanische Reich eine militärische Übermacht darstellte (nach: KÜRSAT-AHLERS ET. AL.1998: 14). Die Ausbreitung des Osmanischen Reichs wurde mit großen Ängsten verfolgt. Im 16. Jahrhundert erschienen 2460 so genannte „Türkendrucke", davon 1000 in deutscher Sprache, welche das Bild des blutrünstigen Türken verfestigten. Solche Medien, sowie weltliche und geistliche Lieder, schürten die Furcht vor einer Bedrohung des Christentums durch die türkische Expansion (ebd.: 15).

Auch die Reformation sah in den Türken eine Strafe Gottes, die das nahe Weltende ankündigten. „Für Luther bildeten Papst, Türken und Antichrist eine Einheit, die auf die Endzeit hin deuteten (ebd.: 1953)."

Parallel zum Machtverfall des Osmanischen Reichs und dem Verlust der militärischen Übermacht im 18. Jahrhundert wandelte sich der kollektive Hass und die Furcht zu Lächerlichkeit und Spott, was sich in der Bezeichnung des „Kranken Mannes am Bosporus" in diplomatischen Kreisen verfestigte.

Der osmanische Hof erkannte die europäischen Höfe an und situierte dauerhafte konsularische Vertretungen in London, Paris, Wien und Berlin. Die ersten Kontakte führten von europäischer Seite zu einer Exotisierung der Türken. Spielerisch wurde die türkische Mode an europäischen Höfen nachgeahmt, welche als „Turquoisie" bekannt wurde (nach: KURSAT-AHLERS et.al.1998: 17). Somit erwuchs eine rege Neugier der Ober- und Mittelschicht an beispielsweise preußischen und sächsischen Höfen bezüglich der fremden Kultur. So fielen zwischen 1711 und 1791 mit 49 Stücken etwa drei Viertel aller Uraufführungen der Türkenoper, welche allerdings wieder das Image des barbarischen Türken untermauerte (ebd.: 18).

Eine echte osmanische Hinwendung zu Europa erfolgte jedoch sehr zögerlich. Bis zum Ende des 18. Jahrhunderts existierte eine allgemeine Verachtung der westlichen und zugleich christlichen Zivilisation. Der Verfall des Osmanischen Reichs führte zu einer nicht verkrafteten Niederlage und einhergehenden Minderwertigkeitsgefühlen. Die materielle Kultur sollte zwar auf das europäische Niveau gelangen, jedoch sollten moralische und religiöse Werte und die islamisch-osmanische Gesellschaftsstruktur unberührt bleiben.

Doch erste Ansätze des Verhandelns um Zugang zum europäischen Staatensystem zu erlangen, können in den Dokumenten der Pariser Konferenz 1856 nachgewiesen werden. Es herrschte seitens Europas Interesse für die Verwestlichungsbemühungen des Osmanischen Reichs und die Bereitschaft, das

Reich in das europäische Konzept aufzunehmen. Dies allerdings unter der Bedingung, „dass die osmanische politische Elite ihre politischen Modernisierungsschritte wie z.B. die Gleichstellung zwischen unterschiedlichen Religionsgemeinschaften, fortsetzt (ebd.: 20)."

Nach der finanziellen Bankrotterklärung des Reichs aufgrund von enormen Außenschulden, setzte ein Wandel der öffentlichen Meinung und der Regierungspolitik europäischer Mächte ins Negative ein. Bis zum Anfang des 20. Jahrhunderts dominierten außerdem europäische Aufteilungspläne hinsichtlich der zukünftigen Entwicklung des osmanischen Reiches (ebd.: 21). Eine kollektive Hassliebe gegenüber Europa entstand, welche mit der Parole der ehemaligen türkischen Ministerpräsidentin Ciller „Wir werden Europa mit dem Koran in der einen und der Flagge in der anderen Hand erobern" veranschaulicht werden kann (ebd. 21)."

Mit dem Aufstieg des Generals Mustafa Kemal zum Präsident der von ihm am 28.10.1923 proklamierten Türkischen Republik, erschuf er mit Hilfe der Armee aus den Überresten des osmanischen Reichs einen national – definierten laizistischen Staat nach europäischen Vorbild. Kemal entwickelte sechs Prinzipien, die bis heute als „Kemalismus" Verfassungsrang in der Türkei besitzen. „Neben den Prinzipien des Republikanismus, des Nationalismus, des Populismus (Volksverbundenheit) und des Reformismus (Anschluss an die europäische Zivilisation), die die politische Kultur betrafen, gibt es die Grundsätze des Etatismus (staatliche Wirtschaftslenkung) und des Laizismus, die Trennung von Staat und Religion (Internet 1, 2004). Das Bürgerliche Gesetzbuch der Schweiz (1926) ersetzte die Sharia-Gesetze, wodurch die Mehrehe beendet wurde. Auch wurde der Schleier in allen öffentlichen Gebäuden abgeschafft. Kemal führte für seine Republik den gregorianischen Kalender ein und die lateinische Schrift. 1934 erhielt Kemal so den Beinamen „Atatürk" – Vater der Türken.

Kritiker werfen Atatürk vor, einen krassen Abbruch des Geschichtsbewusstseins vollzogen zu haben und eine rückwärtsgerichtete Wir-Identität erschaffen zu haben, da er die anatolische Kultur hochhielt, sowie Folklore und die Entstädterung – kurz: eine Anatolisierung des Landes mit extremer miltärischer Prägung vorantreiben wollte (nach: KÜRSAT-AHLERS ET. AL. 1998: 23). Richtig ist wohl, dass die Nationenbildung der modernen Republik Türkei ein Resultat militärischer Machteliten darstellt. Ab 1908 bestimmten in der Gründungsphase nahezu nur noch Offiziere der Istanbuler Militärakademie das Geschehen (ebd.: 29). Die Armee bildete zu jeder Zeit die wichtigste Stütze der Republik, was besonders durch die drei Militärputsche (1960, '71, '80) deutlich wurde.

2.2. Türkei und der EU-Beitritt

2.2.1 Das Beitrittsverfahren allgemein

Das Prozedere des Beitrittsverfahrens eines Staates zur Europäischen Union ist sehr umfangreich und zeitaufwendig und benötigt zwischen offizieller Beantragung und vollständiger Mitgliedschaft mehrere Jahre.

Nach Artikel 49 des EU-Vertrages kann jeder europäische Staat einen Antrag auf Mitgliedschaft in der EU stellen. Zwar ist die geographische Komponente keine Voraussetzung für eine Aufnahme in das Staatengefüge, kann jedoch wie im Falle der Ablehnung gegenüber Marokko 1987 bewiesen, wirksam werden. Des weiteren ist nach der Revision des Maastrichter Vertrages durch den 1997 in Kraft getretenen Amsterdamer Vertrag die Mitgliedschaft in der Union auch an die Erfüllung bestimmter Werte gebunden. Nach Artikel 6,1 des EU-Vertrags beruht die Union demnach „auf den Grundsätzen der Freiheit, der Demokratie, der Achtung der Menschenrechte und Grundfreiheiten sowie der Rechtsstaatlichkeit; diese Grundsätze sind allen Mitgliedstaaten gemeinsam (WOYKE & WICHARD 2002: 5)"..

Darüber hinaus werden die Mitgliedstaaten durch den EG-Vertrag im Artikel 4,1 zusammen mit der Gemeinschaft auf eine Wirtschaftspolitik festgelegt, die dem Grundsatz einer offenen Marktwirtschaft mit freiem Wettbewerb verpflichtet ist. Werden diese Kriterien erfüllt, resultiert daraus allerdings noch kein Rechtsanspruch auf eine Mitgliedschaft. Diese Entscheidung ist der EU und deren Mitgliedsaaten als politische Entscheidung überlassen.

In der Praxis läuft ein Beitrittsverfahren mehrstufig ab, wie in der Abbildung 1 dargestellt. Hat ein Staat gemäß Artikel 49,1 EU-Vertrag einen Antrag auf Mitgliedschaft an den Rat gestellt, gibt die Europäische Kommission eine Stellungnahme ab. Hat auch das Parlament einstimmig dem Antrag zugestimmt entscheidet der Rat im darauf folgenden Schritt einstimmig auf der Grundlage der Stellungnahme der Kommission, ob Verhandlungen mit dem Beitrittskandidaten aufgenommen werden.

Mit dem Bewerberstaat führt nun „die halbjährlich unter den Mitgliedstaaten wechselnde EU-Präsidentschaft im Namen der Mitgliedstaaten die Verhandlungen. Faktisch kommt jedoch der EU-Kommission die entscheidende Rolle als Verhandlungsakteurin zu, da sie die gemeinsame Position der EU vorschlägt, koordiniert und in vielfältigen Arbeitskontakten mit den Bewerberstaaten steht" (WOYKE & WICHARD 2002: 5f.). Nach Abschluss der Verhandlungen wird die Beitrittsakte unterzeichnet. Im Anschluss beginnt der Ratifikationsprozess. Seitens der EU müssen das Europäische Parlament mit absoluter Mehrheit und der Rat einstimmig dem Beitritt neuer Mitglieder zustimmen. Des weiteren ist die Zustimmung der Parlamente der Mitgliedstaaten sowie der Bewerberstaaten erforderlich.

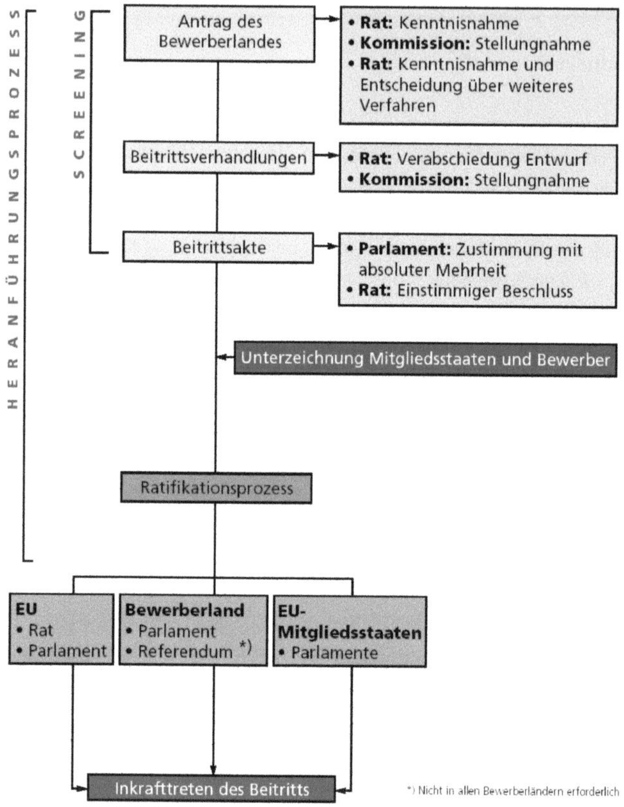

Abb. 1 : Das Beitrittsverfahren
Quelle: Aws (Hrsg.) 2004: 33

2.2.2 Die „Kopenhagener Kriterien"

Neben den in Artikel 6,1 des EU-Vertrags aufgeführten Grundsätzen der Europäischen Union wurden auf der Gipfelkonferenz des Europäischen Rats von Kopenhagen im Juni 1993 konkrete politische, wirtschaftliche und rechtliche Voraussetzungen für einen EU-Beitritt formuliert. In dem Beschluss dieser „Kopenhagener Kriterien" heißt es:

"Der Beitritt wird stattfinden, sobald ein assoziiertes Land in der Lage ist, die Verpflichtungen der Mitgliedschaft zu übernehmen, indem es die wirtschaftlichen und sozialen Voraussetzungen erfüllt (WOYKE & WICHARD 2002: 3f.)."

Folgende Kriterien wurden formuliert:

■ „Die politische Gesamtlage in dem Bewerberstaat muss stabil sein, d.h. die Demokratie (Mehrparteiensystem), die politischen Institutionen, der Rechtsstaat müssen gesichert sein, ebenso müssen die Menschen- und Minderheitenrechte gewährleistet sein;

■ das Wirtschaftssystem muss eine funktionierende Marktwirtschaft darstellen. Die Europäische Union ging 1993 also zu Recht davon aus, dass erst nach einem kompletten Umbau der ehemaligen sozialistischen Staatswirtschaften und der Einführung eines Systems, das auf Wettbewerb und Privateigentum beruht, die Bewerberstaaten eine Chance haben würden, dem harten Konkurrenzdruck des Westens einigermaßen standhalten zu können;

■ die Bewerberstaaten verpflichten sich, alle Regeln und Pflichten, die mit einer Mitgliedschaft im Club verbunden sind, zu akzeptieren und sich daran zu halten. Der so genannte „Acquis Communautaire", also die kompletten Verträge der Europäischen Gemeinschaft und die 80.000 Seiten europäischer Gesetze müssen in nationales Recht übernommen werden;

■ die Bewerberstaaten erklären sich einverstanden mit den weit reichenden Zielen der Politischen Union sowie der Wirtschafts- und Währungsunion, wie sie im Vertrag von Maastricht (1991) festgeschrieben worden sind. Die Europäische Union will damit verhindern, dass neue Clubmitglieder nicht ein völlig neues Spiel, mit komplett anderen Regeln und Zielen durchsetzen können;

■ und schließlich hat der Europäische Gipfel von Kopenhagen als zusätzliches Kriterium die Reformbedürftigkeit der Strukturen der EU definiert. Die Staats- und Reglerungschefs der Zwölfer-Gemeinschaft waren sich darüber im Klaren, dass eine Erweiterung nur dann zu schaffen sein wird, wenn die EU die Spielregeln und ihre Entscheidungsverfahren reformiert, um in einer größer gewordenen Union überhaupt noch handlungsfähig zu sein (GROSSE-HÜTTMANN 2004: 7f.)."

2.2.3 Die Beitrittsgeschichte der Türkei

Den aktuellen Verhandlungen über einen EU-Beitritt der Türkei war ein langer politischer Prozess vorangegangen. Bereits seit 1963 besteht mit der Unterzeichnung des Ankara Abkommens ein Assoziierungsabkommen (Association Agreement), welches, wie in Abbildung 2 dargestellt, den ersten Schritt zur vollen Integration einleitete. Als Fernziel sah dieses Assoziationsabkommen einen Beitritt vor. Nach dem Abschluss des Abkommens dauerte es allerdings noch über zwanzig Jahre bis die Türkei am 14.04.1987 einen Beitrittsantrag stellte und somit das formale Beitrittsverfahren in Gang setzte (ÖGÜT 2002: 170).
Doch die 1989 erarbeitete Stellungnahme der Kommission fiel negativ aus, betonte jedoch gleichzeitig die Bedeutung der Türkei hinsichtlich der strategischen

Bedeutung aufgrund der geopolitischen Lage im Rahmen der Atlantischen Allianz. Die EG-Außenministerkonferenz vom 05.02.1990 nahm die negative Stellungnahme der Kommission einstimmig an wodurch die Aufnahme der Beitrittsverhandlungen nicht einsetzte. Allerdings wurde beschlossen, eine engere Zusammenarbeit anzustreben und die im Assoziationsabkommen vorgeschlagene Zollunion bis 1995 umzusetzen, welche im Januar 1996 in Kraft trat.

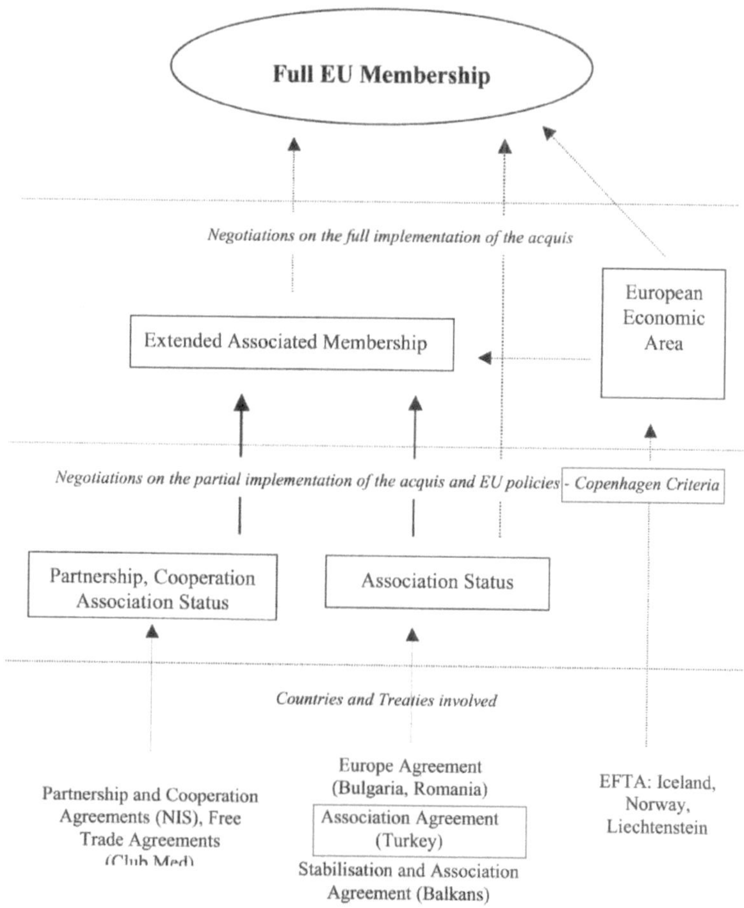

Abb. 2: Verschiedene Integrationswege und -stadien
Quelle: QUAISSER & WOOD: 2004: 54

Den nächsten wichtigen Schritt brachte das Ergebnis der Helsinki Konferenz des Europäischen Rats im Dezember 1999. Die Türkei erhielt den Status eines Beitrittskandidaten zur EU. Die Beitrittsverhandlungen sollten aber erst beginnen, wenn das Land die politischen Kriterien der Europäischen Union erfülle (CARKOGLU & RUBIN 2003: 6).

Im Jahre 2002 leitete das türkische Parlament umfassende Reformen ein. Dazu zählte die Abschaffung der Todesstrafe in Friedenszeiten und die Zulassung der kurdischen Sprache im Schulunterricht sowie im Rundfunk. Außerdem bekannte sich nach ihrem Wahlsieg im November 2002 die konservativ-religiöse Partei für Gerechtigkeit und Entwicklung (AKP) von Recep Tayyip Erdogan zur westlichen Ausrichtung der Türkei und zu einem beschleunigten EU-Beitritt (ebd.: 7).

In ihrem Fortschrittsbericht 2002 begrüßte die EU die Verfassungs- und Gesetzesreformen der Türkei um das politische Beitrittskriterium zu erfüllen. Allerdings bestünden hinsichtlich der Kopenhagener Kriterien noch einige Defizite – insbesondere bei den Menschen- und Minderheitenrechte, der Demokratie und der Rechtsstaatlichkeit. In ihrem Bericht an Rat und Parlament vom 6. Oktober 2004 empfahl die EU-Kommission die Aufnahme von Beitrittsverhandlungen im Jahr 2005. Schwerpunkte des Berichts waren die Lage der Menschenrechte, die demokratischen Standards, der Schutz von Minderheiten und die Einhaltung rechtstaatlicher Prinzipien. „Die Kommission schlug dazu eine Drei-Säulen-Strategie vor. Dazu gehören:

- Eine intensive Zusammenarbeit, um den Reformprozess in der Türkei zu fördern und zu stärken;
- Verhandlungen, die an die speziellen Herausforderungen des türkischen Beitritts angepasst werden;
- Ein verstärkter politischer und kultureller Dialog zur Annäherung zwischen den Bürgern der EU-Mitgliedsstaaten und der Türkei.

Der Europäische Rat beschloss am 17. Dezember 2004 in Brüssel, die Aufnahme der Beitrittsverhandlungen mit der Türkei am 3. Oktober 2005 zu beginnen, sofern noch bestimmte Rechtsakte vollzogen seien, unter anderem eine mindestens indirekte Anerkennung Zyperns. In einer Erklärung vom 21. September hat die EU klargestellt, dass die Türkei Zypern während der Beitrittsverhandlungen anerkennen muss und dass die EU nur die griechisch-zyprische Regierung anerkennt. Die Türkei muss außerdem bis 2006 das von ihr unterzeichnete Protokoll zur Zollunion mit der EU auch auf Zypern anwenden" (Internet 2, 2006). Die Verhandlungen werden ergebnisoffen geführt und werden sich voraussichtlich bis mindestens Ende 2014 erstrecken.

1963	In Ankara wird ein Assoziierungsabkommen zwischen der EWG und der Türkei abgeschlossen.
1987	Die Türkei übergibt der EG ihren Antrag auf Vollmitgliedschaft
1990	Die EG-Kommission lehnt das Beitrittsgesuch wegen der instabilen politischen und wirtschaftlichen Lage des Landes ab.
1996	Zollunion zwischen der Türkei und der EU tritt in Kraft
1999	Die EU-Staats- und Regierungschefs verleihen der Türkei in Helsinki den Status eines Beitrittskandidaten.
2002	Fortschrittsbericht 2002 kritisiert Mangel an Kopenhagener Kriterien
2004	EU-Kommission empfiehlt Beitrittsverhandlungen ab 2005
2005	3. Oktober: Eröffnung der Verhandlungen
2006	Anwendung der Zollunion auch auf Zypern
2014	Möglicher Beitritt

Tab. 1: Chronik: die EU und die Türkei (Quelle: eigene Zusammenstellung)

3. Auswirkungen eines EU – Beitritts der Türkei auf Mitteleuropa

3.1 Wo hört Europa auf? - Geopolitische Überlegungen

3.1.1 Allgemein

Abb. 3 Latente Gefahrenherde
Quelle: MEGGLE 2004: 3

Was ist Europa? Wo liegen die exakten Grenzen? Erweitern wir uns zu Tode?
Diese Fragen werden seit der Debatte um den eventuellen Türkei-Beitritt zur Europäischen Union immer lauter. Tatsächlich gehört ein Teil der Türkei auf dem

Papier zu Europa. Doch gut 90 Prozent des Landes erstrecken sich bereits auf dem asiatischen Kontinent. Doch die geographische Frage ist kaum ein Argument. Vielmehr muss sich die EU die Frage stellen, ob sie künftig tatsächlich Außengrenzen mit Syrien, dem Irak, dem Iran, Aserbeidschan, Armenien und Georgien haben möchte. Vielleicht liegt aber auch genau darin eine Lösung im Hinblick auf geostrategische Elemente. Vielleicht würde die Türkei ein Bollwerk gegen den Islamismus darstellen oder sogar als Modell für die Demokratisierung weiterer islamischer Staaten fungieren.

3.1.2 Die Kritiker

Mit dem Beitritt der Türkei hätte die EU plötzlich Außengrenzen mit politisch höchst instabilen Ländern, die als Herd für den internationalen Terrorismus gelten (Abb.3). Es sind Gebiete mit Unruhen Konflikten und gewaltsamen Auseinandersetzungen, deren Ende nicht abzusehen sind.
Mit der Verschiebung der Außengrenzen der Europäischen Union wird sich auch die Außenpolitik verschieben. Themen des Mittleren Osten würden eine verstärkte Rolle im Agenda-Setting erlangen, da dieser nun quasi unmittelbar „vor der Tür" steht.
Das Argument, die Türkei könne nach einem gelungenen Demokratisierungs-prozess gar als Vorbild für weitere islamische Staaten fungieren ist nicht überzeugend. Die Türkei besitzt im arabischen Mittleren Osten eher einen fragwürdigen Status, woran sich die umliegenden Staaten kaum politisch orientieren werden (QUAISSER & WOOD 2004: 42). Ein weiters Problem könnte im Entscheidungsprozess auf die EU mit der Türkei als Mitgliedsaat zukommen. Ankara wird vermutlich in Bezug auf die angrenzen Länder Syrien, Irak, Iran, Aserbeidschan, Armenien und Georgien kaum die gleichen Prioritäten in der Außenpolitik wie die EU verfolgen. Da jedoch die Türkei - wie in einem späteren Abschnitt dieser Arbeit noch ausführlicher behandelt wird - als bevölkerungsstarkes Land großen Einfluss auf die Entscheidungsprozesse der EU haben könnte, würde dieser langwierig und zäh werden und die Handlungsfähigkeit der EU enorm einschränken.

3.1.3 Die Befürworter

Die geostrategische Bedeutung der Türkei lässt sich anhand ihrer Lage ablesen. Durch ihren Zugang zu Zentralasien und dem Nahen Osten ist die Türkei ein wichtiger Akteur, was Sicherheit, Energietransport und Handel in der Großregion angeht. Als EU-Mitglied würde die Türkei in einer Reihe transnationaler Fragen an Bedeutung gewinnen (Energie, Wasserressourcen, Verkehr, Grenzverwaltung und Terrorismusbekämpfung). Die strategische Rolle der Türkei im Nahen Osten als Regionalmacht ist von größtem Wert. Die Bedeutung der Türkei im Falle eines Beitritts, hat die Folge, dass sich die EU nicht nur geographisch ausweitet, sondern sich in diesem Zuge auch die europäische Wirtschafts- und Außenpolitik anders gestalten muss. Die EU wird ihren politischen Horizont erweitern müssen, um vermehrten Einfluss im Nahen Osten, dem Kaukasus und Zentralasien erlangen zu können. Schließlich, so lässt sich vermuten, hat nicht die Frage des türkischen "Beitritts" für Europa eine Priorität, sondern die Frage nach der "Stellung der Europäischen Union in der Weltpolitik." Außerdem ist Wasser neben Erdöl eine wichtige Ressource im Nahen Osten. Nach STEINBACH (1998: 9ff.) „bringt Erdöl zwar Petrodollars, aber Wasser in eine Grundvorraussetzung des Lebens und die Türkei ist die größte Wasserquelle des Nahen Ostens".

Den Befürwortern geht es im Kern ihrer sicherheitspolitischen Erwägung um die Stabilisierung der regionalen Nachbarschaft der EU im östlichen Mittelmeer und den angrenzenden Regionen des Nahen/Mittleren Ostens sowie Kaukasus/Zentralasiens. In diesem Zusammenhang wird betont, dass eine im Inneren stabile und nach dem Modell europäischer Demokratie funktionierende Türkei besser in der Lage sei einen regionalen Stabilitätsbeitrag zu leisten als ein von Europa abgelehnter Partner Ankara. (STEINBACH 2000: 55-58) Für die Gegner eines türkischen EU-Beitritts ist die Veränderung der europäischen Außen- und Sicherheitspolitik wegen der damit verbundenen Risiken und Konflikte nicht wünschenswert (SCHMIDT 2004: 1) Mit Blick auf einen türkischen EU-Beitritt ist daher das Hineintragen brisanter, regionaler Probleme in die europäische Außen- und Sicherheitspolitik nicht der zentrale Punkt, sondern die Frage, ob nicht ein EU-Beitritt der Türkei zur Eindämmung eines Großteils dieser Konflikte beitragen und somit die Stabilität dieser Region erhöhen könnte.

Die verhältnismäßig große Armee Ankaras gründet sich nicht allein auf die Begeisterung der Türken für alles Militärische: Das Land ist von Krisenregionen umgeben, von Gebieten, die für die Stabilität Europas eine Schlüsselrolle spielen. So sehr die EU-Beamten die innenpolitische Stellung des Militärs kritisieren, so sehr loben die Soldaten der europäischen Armeen den kompetenten, überlegten und zuverlässigen Beitrag der Türkei, sei es in Afghanistan oder auf dem Balkan. So schildert auch der Kommissionsbericht-2004 über die türkische Streitkräfte, dass „im Hinblick auf ihre Umsetzungskapazität und ihre institutionellen Fähigkeiten keine unüberwindbaren Probleme zu erwarten" sind und, „Dank ihrer hohen Militärausgaben und ihres großen Streitkräftekontingents ist die Türkei in der Lage, einen bedeutenden Beitrag zur Sicherheit und Verteidigung der EU zu leisten (vgl. ANHANG KOMMISSIONSBERICHT 2004: 10)."

Innerhalb der NATO stellt die Türkei mit 793.000 unter Waffen stehenden Soldaten, nach den USA die zweitgrößte Armee mit relativ moderner Bewaffnung dar. Dies beträgt 27% der Streitkräfte der europäischen NATO-Mitgliedstaaten und 3,9% der türkischen Bevölkerung (im Vergleich zu durchschnittlich 1,7% in den anderen europäischen NATO-Ländern). Durch das militärische Kooperationsabkommen mit Israel und die Bemühungen um engere Beziehungen zu arabischen Staaten der Region, entwickelt die Türkei ein besonderes Interesse an einer Lösung des Nahostkonflikts. All dies zeige, so das Argument der Beitrittsbefürworter, dass die

EU mit einer Aufnahme der Türkei ihr strategisches Potential erheblich vergrößern würde. In jedem Fall wären für die Union sicherheitspolitische Operationen in den genannten Regionen mit der Türkei einfacher, als ohne sie (ebd.: 6).

Im Hinblick auf die nordöstlichen Nachbarn der Türkei, Armenien, Aserbaidschan und Georgien, könnte die EU über den Umweg Türkei, eine stabilisierende Wirkung ausüben. Insgesamt gesehen könnte die Türkei ein Faktor zur Stärkung der Stabilität und der Rolle der EU in der Region bilden, doch ihr Beitritt würde im Bereich Außenpolitik sowohl mit Herausforderungen, als auch mit Chancen einhergehen (THUMANN 2004: 117).

3.2 Die ökonomischen Auswirkungen – wie viel kostet die Türkei?

3.2.1. Allgemein

Der Beitritt der Türkei zur Europäischen Union ist sehr umstritten. Sie ist ein demographisch großes aber auch ein relativ armes Land, was für die EU enorme Belastungen des EU-Haushaltes bedeuten kann. So sehen es vermutlich auch die meisten Deutschen, die sich nach neusten Umfragen im Eurobarometer der Europäischen Kommission mit 74 Prozent im Jahre 2005 gegen einen EU-Beitritt der Türkei ausgesprochen haben (Abb. 4).

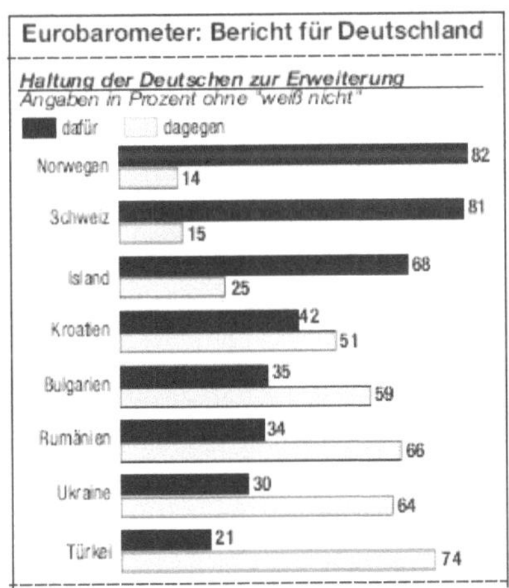

Abb. 4: Ergebnisse des Eurobarometers 2005
Quelle: EUROPÄISCHE KOMMISSION (Hrsg.) 2005: 6

Ein Grund dafür könnte die Angst vor einer zu großen finanziellen Belastung sein, wobei auch andere Faktoren wie die Angst vor dem Islam eine Rolle spielen.
Kritiker erwähnen das Kopenhagener Kriterium der „funktionsfähigen Marktwirtschaft" (Abb. 4), das nach ihren Aussagen noch lange nicht erfüllt sei. Die

Türkei habe weder ihre Inflation im Griff noch werde die Privatisierung vorangetrieben. Befürworter sehen jedoch die intensiv betriebenen Reformschritte zur Erreichung der ökonomischen Kriterien. Durch den Wegfall von staatlichen Subventionen können Preisverzerrungen vermieden werden (siehe Abb. 5) und auch sonstige staatliche Interventionen werden seltener.

Zwar spielen ökonomische Kriterien keine so starke Rolle bei der Aufnahmeverhandlung in die EU wie die Politischen, aber sie sind dennoch ein Indiz dafür wie stark die Türkei die Union belasten wird.

Ökonomische Beitrittskriterien und die Bewertung der Türkei
durch die EU-Kommission

Funktionsfähige Marktwirtschaft, EU-Kommission	Bewertung der Kommission
1) Preis- und Außenhandelsliberalisierung	Spielraum der Marktkräfte vergrößert; Preisverzerrungen reduziert durch Wegfall staatlicher Subventionen
2) Keine nennenswerten Schranken beim Markteintritt bzw. -austritt	Marktein- und -ausstrittsschranken weiter gesenkt
3) Stabiler Rechtsrahmen (insbesondere Eigentum); Durchsetzung von Gesetzen und Verträgen ist gewährleistet	keine explizite Bewertung im Bereich der Wirtschaftskriterien
4) Makroökonomische Stabilität, einschl. angemessene Preisstabilität tragfähiger öffentl. Finanzen und Außenwirtschaftsbilanzen	Geldpolitik streng anti-inflationär; Wechselkurs floatet frei; finanzpolitische Zügel 2002 gelockert, Korrekturen erst im Sommer 2003; Staatliche Schuldenquote sinkt, doch hohe Belastung für die Wirtschaft; Transparenz der öffentlichen Finanzen wird besser
5) Breiter Konsens über Eckpunkte der Wirtschaftspolitik	keine explizite Bewertung im Bereich der Wirtschaftskriterien
6) Privatisierung von Staatsbetrieben	Privatisierungserlöse fielen bescheiden aus, doch neue Initiative soll Privatisierung fördern
7) Entwickelter Finanzsektor, um Ersparnisse in produktive Investitionen umzulenken	Bankensektor hat Tritt gefasst, Restrukturierung und Konsolidierung noch nicht abgeschlossen.
Wettbewerbskriterium, Kommission	
1) Funktionsfähige Marktwirtschaft und makroökonomische Stabilität	Fortschritte bei der Funktionsfähigkeit der Märkte und Stärkung ihres institutionellen Umfeldes; Makroökonomische Stabilität und Berechenbarkeit nicht ausreichend
2) Human- und Sachkapitalausstattung	Verbesserung der Schul- und Berufsausbildung fortgesetzt; Infrastrukturinvestitionen und Wachstum des physischen Kapitalstocks durch Haushaltslage und makroökonomische Instabilität begrenzt; ADI sind unbedeutend
3) Wettbewerbspolitik, staatliche Beihilfen sowie die Förderung von KMU	Staatliche Eingriffe in die Wirtschaft werden seltener
4) Betriebliche Investitionen zur Umstrukturierung und Leistungssteigerung; Unternehmenskontrolle	Umstrukturierung der Unternehmen hat sich beschleunigt
5) Integrationsniveau bezogen auf die EU-Wirtschaft, Volumen und Struktur des Außenhandels	Handelsverflechtung stabil, Zusammensetzung der Exporte verbessert; Trotz deutlicher Aufwertung Preise türkischer Exporte weiter wettbewerbsfähig
6) Anteil und Dynamik der KMU	Mittlere, kleine und kleinste Familienbetriebe sind Rückgrat der Privatwirtschaft
7) gesondert für die Türkei: Arbeitsmarktpolitik	Heranführung an internationale Standards, doch bisher keine ausreichende Beachtung

Abb. 5: Ökonomische Beitrittskriterien und die Bewertung der Türkei durch die EU-Kommission
Quelle: QUAISSER & REPPEGATHER 2004: 23

Tatsache ist, dass laut Tabelle 2 positive als auch negative Aspekte im Hinblick auf ökonomische Kriterien eines Türkei-Beitritts existieren. So sank beispielsweise die Inflationsrate, die Arbeitslosenquote stieg jedoch. Die Türkei wird demnach nur durch die strikte Durchführung der Reformpakete die ökonomischen Kriterien von Kopenhagen erfüllen und damit nicht zu einem Beitrittsland zählen, welches die EU enorme Gelder kostet.

	1999	2000	2001	2002
BIP, real (Veränd. gg. Vorj, %)	-4,7	7,4	-7,5	7,8
Inflationsrate (Verbraucherpreise, Jahresdurchs.)	64,9	54,9	54,4	45,0
Nominaler Zinssatz	106,2	38,0	99,1	63,8
M2/BIP	29,2	26,3	26,3	22,2
Arbeitslosenquote (Jahresdurchs.)	7,7	6,6	8,5	10,3
Saldo des gesamtstaatlichen Haushalts (% des BIP)	-19,0	-6,0	-28,0	-10,0
Leistungsbilanzsaldo (% des BIP)	-0,7	-4,9	2,3	-0,8
Inlandsverschuldung (% des BSP)	29,3	29,0	69,2	54,8
Zufluss ausländischer Direktinvestitionen (% des BIP)	0,4	0,5	2,3	0,6
Wechselkurs (Jahresdurchschn., TL/EUR)	443.649,93	574.345,24	1.092.643,63	1.428.767,59
realer Wechselkurs (Januar 1982=100)*	71,15	72,00	59,73	71,11

Tab. 2: Ausgewählte Schlüsselindikatoren der türkischen Wirtschaft, 1999-2002
Quelle: QUAISSER & REPPEGAHTER 2004: 19

3.2.2 Die Kritiker

Die Frage, wie viel ein EU-Beitritt der Türkei kosten würde, wurde von Seiten der Regierung nicht stark thematisiert. Es wurde eine Untersuchung des Münchner Osteuropa-Instituts zu den Beitrittskosten von dem ehemaligen Bundesfinanzminister Hans Eichel in Auftrag gegeben, aber nie veröffentlicht. Doch zusammen mit dem Fortschrittsbericht 2005 legte nun der EU-Kommissar Verheugen doch eine Untersuchung vor, die den finanziellen Aspekt beleuchtet.

Mit der Aufnahme der Türkei in die Europäische Union, würde ein Staat beitreten, der nach Berechnungen des Münchner Osteuropa-Instituts in 40 Jahren eventuell nur 75 % des Pro-Kopf Wohlstandes der EU-15 erreicht haben wird. Dies allerdings nur mit der Voraussetzung, dass die türkische Wirtschaft um jährlich fünf Prozent wächst (MIDDEL & HALUSA 2004:1).

Anders betrachtet würde dies bedeuten, dass die Türkei bei einer Aufnahme als größtes Land der EU auch den Anspruch auf die höchsten Subventionen hätte. Berechnungen ergaben demnach, dass bei einem Beitritt im Jahr 2014 rund 21 Milliarden Euro aus den Brüsseler Subventionstöpfen in die Türkei fließen würden.

Weiterhin heißt es aus der Untersuchung der Kommission, dass bis zum Jahr 2025 die geschätzten Nettozahlungen seitens der EU bei 28 Milliarden Euro lägen. Diese Summe entspricht dem Vierfachen dessen, was der heutige größte Empfängerstaat Spanien erhält.

<u>EU-Beitritt der Türkei: Auswirkungen auf Mitteleuropa und den „Westlichen Balkan“</u>

Andere Szenarien wurden beleuchtet in denen der Nettotransfer im jeweiligen Szenario errechnet wurde und zusätzlich den Finanzierungsanteil Deutschlands schätzt. Bei einem Szenario der vollen Politikintegration würden die Nettokosten eines EU-Beitritt der Türkei im Jahr 2013 etwa 27 Milliarden Euro betragen (Tab. 3).

Cost of a EU Accession by Turkey in 2014 (€ billion; 2004 prices)

Entry Scenario (corresponding to the first enlargement round, expenditure for 2006)	
Transfers in total	10.2
Agricultural expenditure (with 35% direct payments)	2.9
Structural funds (1.4% of GDP)	4.7
Other (administration, internal policy areas)	2.6
Own contributions (0.5% of GDP)	1.7
Net transfer	8.5
Germany's financial contribution (20%)	1.7

Authors Scenario of Full Integration in EU Policies (2014) (with 100% of direct payments and 4% of GDP as absorption limit)	
Transfers in total	24.2
Agricultural expenditure (with 100% direct payments)	8.2
Structural funds (4% of GDP)	13.4
Other (administration, internal policy areas)	2.6
Own contributions (1% of GDP)	3.3
Net transfer	20.9
Germany's financial contribution (20%)	4.2

Commission Scenario of Full Integration in EU Policies (2025) (with 100% of direct payments and 4% of GDP as absorption limit)	
Transfers in total	33.2
Agricultural expenditure (with 100% direct payments)	8.2
Structural funds (4% of GDP)	22.4
Other (administration, internal policy areas)	2.6
Own contributions	5.6
Net transfer	27.6 (Reform: 16.4)
Germany's financial contribution (18%)*	5.0 (Reform: 3.0)

Note: *The German contribution is reduced according to its declining GDP share. *Source:* Authors calculations, European Commission (2004a)

Tab. 3: QUAISSER & WOOD 2004: 46

Eines der größten wirtschaftlichen Probleme der Türkei ist die hohe makroökonomische Instabilität (Abb. 6). Große Amplituden der Fluktuation zeigen wie anfällig die türkische Wirtschaft ist. Wachstumsperioden folgen finanziellen Krisen deren Schwankungen durch politische Regulierungen abgedämpft werden.

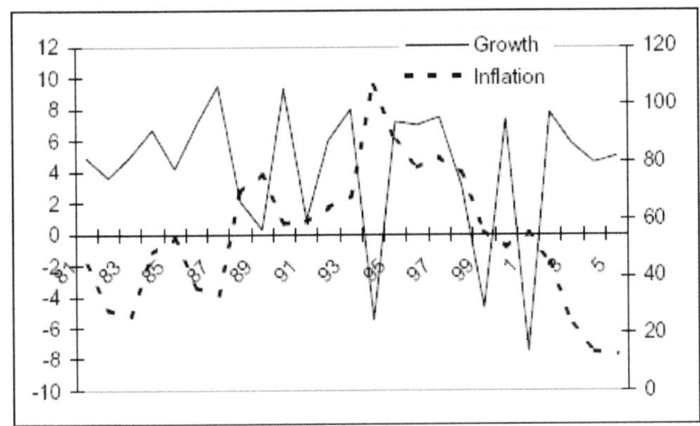

Abb. 6: QUAISSER & WOOD 2004: 27

Schwere Wirtschaftskrisen 1999 und 2001 konnten nur durch den Internationalen Währungsfonds ausgeglichen werden und so einen ökonomischen Kollaps durch eine Zahlung von 18,6 Milliarden Dollar vereitelt werden. Die Türkei ist demnach eines der Länder, die die Inflation noch kaum unter Kontrolle haben. Wohl steigt das Pro-Kopf Einkommen der Türkei laut Abbildung 7 seit 2005 stetig an, jedoch liegt dieses deutlich unter dem gesamten EU-Durchschnittswert und lässt sich bis 2030 nur spekulativ vorhersagen.

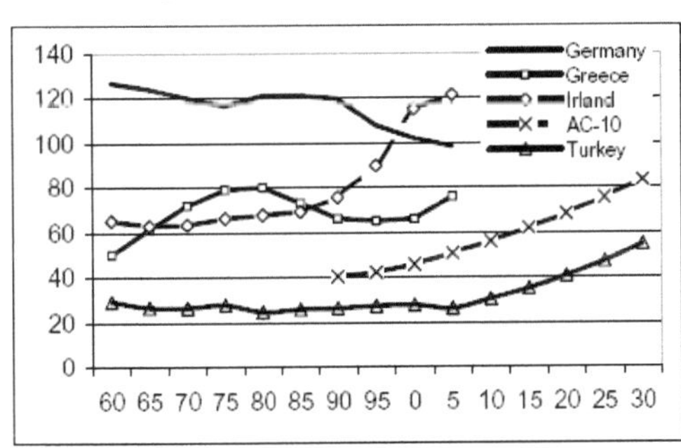

Abb. 7: QUAISSER & WOOD 2004: 27

Ausgewählte Daten des Ist-Zustandes der sozio-ökonomischen Situation (Tab.4) zeigen einen hohen Anteil der Bevölkerung, jedoch einen geringen Anteil am BIP/Kopf. Mit 33 Prozent liegt der Anteil der Landwirtschaft am BIP sehr hoch und entspricht demnach einem HDI-Ranking von 96, was im Gegensatz zu der EU-15 mit einem Ranking von 15 eine schlechte Position darstellt. Der hohe Anteil der Landwirtschaft spiegelt die regionalen Disparitäten und die Strukturdefizite des Landes wieder. Enorme Anteile der EU-Gelder müssten dafür aufgewendet werden diese auszugleichen. Gleichzeitig wurde der Primäre Sektor stark von staatlicher Seite reguliert, was den informellen Sektor („shadow economy") unterstützte.

Ausgewählte Sozio-ökonomische Daten der MOE-Länder und der Türkei im Vergleich zu der EU-15 und den MOE-Ländern (2002[1])

	Bevölkerung	BIP/Kopf	BIP/Kopf in PPS	PPS pro Kopf in % von EU-15[2]	Beschäftigungsanteil Landwirtschaft	Anteil der Landwirtschaft am BIP	HDI-Indikator Ranking3
	(in Mio.)	(in Euro)	(in Euro)	(in %)	(in %)	(in %)	Position
EU-15	381	23858	24000	100	5,1	1,7	15
MOE-10	103	4700	9600	30	14,9	6,6	44
Türkei	69,6	2800	5500	23	33,2	12,1	96

[1] Human Development Index (HDI) für 2001; EU-15 1999. [2] PPS, Purchasing-Power Standards, wird in Euro zu laufenden Wechselkursen berechnet. [3] HDI Ranking basiert auf einem synthetischen Maß von acht sozio-ökonomischen Variablen, eine geringere Zahl repräsentiert eine bessere Ranking Position. [4] Ungewichteter Durchschnitt.
Quellen: EU-Kommission (2003); Eurostat; *Human Development Report*, UNDP, New York, 2003

Tab. 4: QUAISSER & REPPEGATHER 2004: 8

Nach Berechnungen des Instituts betrüge der Anteil der Wirtschaftskraft der Türkei im Jahre 2013 ca. 3% der erweiterten Union (EU-28), wohingegen z.B. Deutschland 18% beisteuern würde. Das Einkommensniveau gemessen in BIP pro Kopf läge ca. bei 15% und gemessen nach der Kaufkraft bei ca. einem Drittel der EU-15.
Mit dem Beitritt eines solch „armen" Staates würden die EU-Kernländer zwar nicht „ärmer" werden, doch das statistische Durchschnittseinkommen würde weiter sinken. So wird 2013 das durchschnittliche Pro-Kopf-Einkommen der EU-28 nominell um ca. 26% und nach der Kaufkraft um ca. 20% unter dem der EU-15 liegen (nach: QUAISSER 2004: 4).
Durch die unmittelbaren (statischen) wirtschaftlichen Effekte einer EU-Mitgliedschaft wie z.B. dem Wegfall von Handelsbeschränkungen, wird aufgrund bereits bestehender Liberalisierungen des Handels – der Zollunion – und Kapitalverkehrs besonders die Türkei profitieren, jedoch nur beschränkt die EU. Wirtschaftliche Vorteile sind aus der Perspektive der Europäischen Union aufgrund der geringen Größe der türkischen Volkswirtschaft kaum zu erwarten, jedoch eine enorme Belastung des EU-Haushalts.

3.2.3 Die Befürworter

Im Gegensatz zu anderen Ländern leidet die Türkei nicht unter den Problemen einer Transition von einer Planwirtschaft zu einer freien Marktwirtschaft. Die türkische Ökonomie basiert auf freien Preisen und realisierte einen hohen Grad an Außenhandelsliberalisierungen besonders in Bezug zur EU (nach: QUAISSER & WOOD 2004: 26). Einige Preise werden zwar noch von staatlicher Seite reguliert wie z.B. die Landwirtschaft oder die Energie, jedoch führen die neuesten

Reformschritte zu hoffnungsvollen Entwicklungen. Seit 2001 wurden jedoch erfolgreiche Stabilisierungsprogramme eingeführt und mit Wirtschaftsreformen begonnen. Damit wurden strukturellen Ursachen von Haushaltsdefiziten (Bankensystem, staatliche Unternehmen, öffentlicher Sektor, Gesellschaftssystem, landwirtschaftliche Subventionen) in Angriff genommen und dadurch die Grundlagen für ein nachhaltiges Wachstum geschaffen (ebd.: 30). Damit wurden insbesondere Schwerpunkte auf ein durchsetzbares Rechtssystem sowie auf die Entwicklung des Finanzsektors und die weitgehende Eliminierung von Markteintritts- und Marktaustrittsbarrieren gesetzt . Diese Reformpakete werden vom IWF und von der Weltbank technisch und finanziell in Höhe von 16. Milliarden $ begleitet (nach: QUAISSER & REPPEGATHER 2004:10). Die Inflation konnte von 12 % im Jahre 2004 auf 8 % im Jahre 2005 verringert werden und die Schulden im öffentlichen Sektor minimiert werden (Tab. 5).

	1999	2000	2001	2002	2003	2004[1]	2005[1]
GDP, real growth rate (in %)	-4.7	7.4	-7.5	7.8	5.8	10.1[2]	
GNP, real growth rate (in %)[3]	-6.1	6.3	-9.5	7.8	5	5	5
Inflation rate (CPI, 12 month, end of period)	68.8	39.0	68.5	29.7	18,4	12	8
Average ex-ante interest rates (in %)	32.0	-9.5	35.5	30.3	28.6	11.2	10.6
Central government budget (overall, in % GNP)	-10.6	-11.2	-19.9	-15.2	-11.3	-8.1	-4.2
Consolidated public sector (operational balance, in % of GNP)	-12.4	-6.9	-4.7	-4.5	-4.9	-2.5	-0.5
Net debt of public sector (in % of GNP)	61.0	57.4	93.9	79.2	70.9	66.5	60.3
Current Account (in % of GNP)	-0.7	-4.9	2.4	-0.8	-2.9	-3.0	-2.4
Net external debt (in % of GNP)	33.6	38.8	53.8	54.1	44.1	36.8	34.1
FDI in % of GDP	0.1	0.1	1.9	0.5	0	-	
Unemployment rate (in %)	7.7	6.5	8.3	10.3	9.0	12.4[2]	

Notes: [1] Projections; [2] First quarter; [3] .IMF data; *Sources:* IMF, European Commission, OECD; State Institute of Statistics.

Tab. 5: Basic Macro-economic Data for Turkey (Quelle: QUAISSER & REPPEGATHER 2004: 8)

3.3 Kulturspezifische Überlegungen

In der ablehnenden Argumentation wird unterstellt, dass durch den EU-Beitritt der Türkei die europäische Einigung eine grundlegend andere sein werde, als es in ihrer bisherigen Entwicklung angelegt ist. In Winklers These vom "imperial Overstretch" wird behauptet, dass mit dem türkischen Beitritt eine Grenze überschritten würde, die zum Verlust des "Wir-Gefühls" führe (WINKLER 2003: 64). Die eventuellen Migrationsströme seitens der Türkei Richtung Mitteleuropa rufen sowohl bei Politikern als auch durch alle Gesellschaftsschichten hindurch Fragen nach der Integrationsfähigkeit des Islams in die europäische Wertegesellschaft hervor. Realistisch betrachtet zeigen uns die Zusammenhänge von Identität/Wir-Gefühl und Nationalstaat, dass es in und zwischen Staaten verschiedene Ethnien und damit unterschiedliche "Wir-Gefühle" geben kann. Einige Nationalstaaten, wie Kanada, Belgien oder die Schweiz, bewahren trotz unterschiedlicher Identitäten ihre

Funktionsfähigkeit und ihren Bestand und zeigen keine Anzeichen für den „Clash of Civilizations". Andere hingegen, wie die Tschechoslowakei oder Jugoslawien konnten oder wollten es nicht. Daher können die unterschiedlichen Identitäten in einem politischen Gemeinwesen allein noch Nichts über die Stabilität einer Union aussagen. Eine in die Vergangenheit rückwirkende Behauptung, dass Reiche durch territorial/ ethnische Überdehnung (imperial Overstretch) zugrunde gegangen sind, gerade weil sie sich durch die Expansion verschiedener Kulturen überdehnten, ist irrelevant für eine Betrachtung der gegenwärtigen EU, wie sie von Winkler behauptet wird. Die Expansion dieser Reiche, wie das Römische, Osmanische und das Habsburgische, endeten im Verfall u. a. wegen der unfreiwilligen Eingliederung verschiedener Identitäten in das Reich selbst. Aber die EU-Beitrittsländer werden nicht gezwungen in die EU eingegliedert zu werden, die EU ist ein freiwilliges Staatensystem, indem durch politische Entscheidung Bewerberländer aufgenommen werden können (STEINBACH 2004: 4).

Der Grund für die Ängste auf Seiten der Europäer liegt darin, dass sie – bedingt durch die Existenz vor dem antiwestlichen islamischen Fundamentalismus – den Islam als eine ernstzunehmende Gefahr für ihre Gesellschaft betrachten und die Türkei in dieses Bild der anti-westlichen muslimischen Welt einbeziehen. Ein Zitat aus der "Time" zeigt die psychologischen Barrieren sehr deutlich: „here is a feeling in Western Europe, rarel stated exlicitly, that Muslims whose roots in Asia do not belong in the Western family, some of whose members spent centuries trying to drive the Turks out of a Europe they threatened to overwhelm (CHRUCH 1992: 33)."

Allerdings finden sich in keinem der offiziellen Dokumente der EU auch nur ansatzweise Bezüge auf die Religion. Das bedeutet folglich, dass in der Union die Mitgliedschaft eines Staates, der „islamisch geprägt ist, möglich [ist], so lange in dieser Gesellschaft und in diesem Staat die Grundsätze der westlichen Demokratie die Leitlinie für das öffentliche Leben bilden und seine Rechtsordnung mit jener der Gemeinschaft im Einklang steht." (KRAMER 1989: 90)Hans U. Wehler stellt die Frage „warum sollte heutzutage ein muslimischer, von der fundamentalistischen Welle einer erkennbaren Mehrheit bedrohter Staat zu Europa hinzustoßen (WEHLER 2004: 107)." Im Bundestag warnte Bundeskanzler Gerhard Schröder die Union vor einem "Kulturkampf" nach dem Motto: christliches Abendland gegen Islam. Der grüne Koalitionspartner warf Edmund Stoiber vor, die Türkei von der westlichen Welt auszugrenzen, nur weil sie nicht an der europäischen Aufklärung teilgenommen habe. Den Hinweis auf das kulturelle Erbe und den islamischen Charakter der Türkei als Haupthindernis für eine Mitgliedschaft in der EU lässt sich nicht halten. Die Debatte um kulturelle Zugehörigkeit der Türkei sei rechtlich völlig überflüssig und emotional äußerst kontraproduktiv. Denn zum einen ist die Anerkennung der Türkei als ein europäisches Land in allen Nationalparlamenten bereits rechtskräftig geworden, zum anderen wird die Frage der Zugehörigkeit der Türkei zu Europa im Falle der NATO und dem Europarat nie in Frage gestellt. Beitrittsrelevant ist lediglich die Frage, ob die Türkei die notwendigen Kopenhagener Kriterien in die Tat umsetzt.

Der Islam in der Republik Türkei ist heterogen, gemäßigt, aufgeklärt, pragmatisch und modern. Die große Fragmentierung entlang religiöser und ethnischer Linien erschwert die Bildung eines großen Bündnisses für die Durchsetzung fundamentalistischer Ideen. Auch das Bild des Westens in der Türkei gleicht nicht dem der anderen islamischen Staaten. Die Verwestlichung ist zu weit fortgeschritten und verankert, als das der Westen als ein "Feindbild" gelten könnte.

Der politische Islam ist - anders als in Ägypten oder dem Iran – im parlamentarischen Umfeld und als Partei entstanden. Er hat keine Tradition der Gewalt, des Untergrundkampfes und des Terrors. Seit etwa drei Generationen leben die Türken in einer laizistischen Staatsordnung, deren Vorteile heute niemand mehr wissen möchte (Islam/Demokratie). Nach zwei Jahrzehnten hitziger Debatten um Islam und Politik, die nach der islamischen Revolution im Iran auch in der Türkei geführt wurden, hat die Vorstellung vom islamischen Staat heute ihre Anziehungskraft vollkommen verloren. Für ein idealisiertes Europa scheint darin eine Gegenwelt zu liegen, in der sich vieles bündelt: nicht-christlich, nicht-aufgeklärt und nicht fortschrittlich. Dennoch ist die Türkei der einzige Staat auf der Welt, der eine muslimische Bevölkerung und ein westliches, demokratisches System in sich vereint, ein Beweis für die Kompatibilität von Islam und Demokratie. In diesem Sinne gilt es für die EU, den Muslimen zu verdeutlichen, dass ein islamischer Staat mit einem westlichen, demokratischen und rechtsstaatlichen System gleichberechtigter Partner der EU sein kann. Wenn dies nicht gelingt, würden die Hoffnungen der modernen orientierten Menschen in den islamischen Staaten enttäuscht werden, denn „wenn selbst ein so sehr nach Europa hin orientiertes muslimisches Land wie die Türkei grundsätzlich nicht Mitglied einer wichtigen westlichen Organisation werden kann, dann wird es anderen Staaten am Anreiz fehlen, westliche und nachweislich stabilitätssichernde Politiksysteme zu übernehmen (AVENARIUS 1997)."

Im Falle einer Ablehnung der Vollmitgliedschaft durch die EU, wird die "Islamisierung" des türkischen Staates befürchtet. Es wird argumentiert, dass die Eliten, die bisher die türkische Politik und ihre Westorientierung bestimmt haben, würden durch eine Ablehnung geschwächt und eine Islamisierung von Staat und Gesellschaft wäre die Konsequenz. Diese Argumentationslinie wird von den Befürwortern der türkischen EU-Mitgliedschaft hervorgebracht. Wie wahrscheinlich ist jedoch das Szenario einer Islamisierung der Türkei? Ist jede Äußerung islamischen Glaubens im öffentlichen Leben schon Islamisierung oder eher Ausdruck des Menschenrechtes auf freie Religionsausübung? Es erscheint unter den gegebenen Umständen eine Islamisierung des türkischen Staates als wenig wahrscheinlich. Die wirtschaftlichen und sicherheitspolitischen Interessen der Türkei liegen im Westen. Etwa 50% des türkischen Handelsvolumens macht allein der Handel mit den EU-Staaten aus. 10% kommen noch einmal mit den USA hinzu.

Eine politische Umorientierung würde der Türkei erhebliche wirtschaftliche und strategische Nachteile bringen, sowie ihre Stellung in der Region destabilisieren. Ein weitreichender Rückschritt hinter die Errungenschaften der laizistisch-republikanischen Entwicklung ist daher nicht zu erwarten. Das im Falle einer

Zurückweisung des EU-Beitritts zu erwartende politische Chaos dürfte folglich verkraftbar sein. Dennoch bliebe eine europäische Ablehnung nicht ohne massive Folgen (STEINBACH 1997: 55).

3.4 Der politische Einfluss der Türkei nach einem Beitritt

Angesichts ihrer Bevölkerungsgröße hätte die Mitgliedschaft der Türkei bedeutende Auswirkungen auf die EU-Institutionen, besonders auf das Europäische Parlament und den Rat. Laut des Kommisionsberichts-2004 wird die Bevölkerung der Türkei bis 2015 der von Deutschlands entsprechen (vgl. ANHANG KOMMISSIONSBERICHT 2004: 51). Mit 70 Millionen Einwohnern entspricht die Türkei gegenwärtig 15,5% der EU-25 Bevölkerungen. Mit dem Beitritt stünde die Türkei auf derselben Stufe, wie die EU-Großstaaten Deutschland, Frankreich und Großbritannien. Daraus wird die Befürchtung abgeleitet, der ärmste europäische Mitgliedstaat erhielte in der EU eine politisch dominante Position, wodurch die Gefahr eines grundlegenden Politikwandels der Union entstünde. Diese Befürchtungen, die auch in der Türkei oft als Begründung für die Zurückhaltung der EU-Mitglieder gegenüber einem Beitritt genannt werden, sind unverständlich. Zwar erhielte die Türkei gemäß der institutionellen Regelungen der Union ein entsprechendes Gewicht im Entscheidungsverfahren, doch kann schon heute gerade wegen dieser Regel kein einzelner Mitgliedstaat die EU-Politik dominieren (WEHLER 2004: 108).

Um Entscheidungen zu beeinflussen, sind Koalitionen für die entsprechende Mehrheit zu bilden. Die Türkei bekäme im Ministerrat wahrscheinlich 29 Stimmen, wie die anderen großen EU-Staaten. Insgesamt hätten die dann 28-Mitgliedstaaten im Rat 374 Stimmen. Die für eine qualifizierte Mehrheit notwendige Schwelle von ca. 73% läge bei 275 Stimmen – daran würde die Türkei knapp über 11% erhalten. Für eine Sperrminorität wären 100 Stimmen erforderlich.

Davon könnte Ankara 29% mobilisieren. Doch in jedem Falle wäre die Türkei darauf angewiesen, Koalitionen mit anderen EU-Staaten zu schmieden, um eine Entscheidung in ihrem Sinn durchzusetzen. Kooperation, Kompromisssuche und Fraktionsbildung dürfen in der Regel auch das Verhalten der Türkei in den Gremien der EU bestimmen, wenn sie ihre Interessen zum Durchbruch bringen will. Folglich wäre der türkische Einfluss im Entscheidungsverfahren der EU nicht größer, als der jedes anderen großen Mitgliedstaates, aber sicher genauso groß, wie der Deutschlands. Dies ist jedoch keine Dominanzposition, wie Hans U. Wehler es schildert. Das Europäische Parlament wird nach 2009 nicht mehr als 750 Vertreter umfassen, wobei die mittleren und großen Länder einige ihre Sitze aufgeben müssen, um den Beitritt der Türkei Rechnung tragen zu können. Sogar wenn man unterstellt, dass die türkischen Abgeordneten in kritischen Fragen nach nationaler Zugehörigkeit und nicht nach politischer Fraktionszugehörigkeit votierten, könnte das türkische Kontingent die Entscheidungen des Parlaments bei weitem nicht dominieren.

4. Auswirkungen eines EU – Beitritts der Türkei auf den „Westlichen Balkan"

Die Erweiterung der Europäischen Union am 1. Mai 2004, der wahrscheinliche Beitritt von Bulgarien und Rumänien 2007 sowie eventuell Kroatien und die Türkei hat die Staaten des Westlichen Balkans in einen neue strategische Position gerückt. Auf der politischen Landkarte wird ein weißer Fleck zurückbleiben. Eine vergleichsweise geringe Bevölkerung von ca. 22 Millionen würde von 29 Mitgliedsländern der EU mit rund 593 Millionen Bürgern umringt sein (CALIC 2005: 2). In den folgenden Ausführungen sollen die Chancen und Risiken eines EU-Beitritts der Türkei dargestellt werden.

4.1 Chancen für den „Westlichen Balkan"

In der Europäischen Union (Generaldirektion Erweiterung) würden institutionelle und personelle Kapazitäten frei werden, die künftig für die Europäisierung des Balkans eingesetzt werden könnten. Die zentrale EU-Strategie gegenüber der Region, der Stabilisierungs- und Assoziierungsprozess (SAP), könnte sich zukünftig stärker auf die Entwicklung der „Nachzügler" ausrichten. Außerdem gäbe es eine stärkere EU-interne Lobby und auch der Kreis derjenigen Mitgliedsstaaten würde größer werden, die eine aktivere Balkanpolitik der Union anstreben. Als im Juni 2004 Kroatien zum Kandidaten der EU aufgewertet wurde, hat die gesamte Region dies als Erfolg ihrer Außenpolitik gefeiert und damit einen enormen Motivationsschub für weitere EU-Reformen ausgelöst (CALIC 2005: 1-6).

4.2 Risiken für den „Westlichen Balkan"

Gefahren für die Staaten des Westlichen Balkans liegen u.a in der Verstärkung der regionalen Disparitäten zwischen Mitgliedern und Kandidaten der EU nach der Erweiterung. Diese könnten weiter wachsen, wenn Kroatien und die Türkei zukünftig Vorbeitrittshilfen erhalten, die den anderen Balkanstaaten verwehrt bleiben. Allerdings muss auch angeführt werden, dass damit die sozioökonomischen Disparitäten zwischen den verbliebenen Staaten nicht mehr so groß wären und dadurch die ärmeren Kandidaten zukünftig mehr Unterstützung erhalten könnten.
Es besteht allerdings auch die Gefahr, dass sich nach der Erweiterung die Kluft zwischen EU-Mitgliedern und Kandidaten weiter vertieft. 2002 lag das BIP pro Kopf mehr als 22mal so hoch wie das von Albanien, Serbien-Montenegro, Kosovo, Bosnien-Herzegowina und Makedonien (der Westliche Balkan minus Kroatien). Außerdem haben die drei Kandidatenländer Kroatien, Bulgarien und Rumänien noch ein doppelt so hohes BIP pro Kopf wie die restlichen Länder des Westlichen Balkans.

Neben den regionalen gibt es auch bedeutende sektorale Disparitäten. Zum Beispiel werden Handel, Energie und Infrastruktur schneller reformiert als etwa im schwer wandelbaren Justiz- und Verwaltungsbereich.

Ein weiteres Risiko liegt in der abnehmenden Hilfe bi- und multilateraler Geber. 2006 läuft das bisherige Hilfsprogramm CARDS (Community Assistance for Reconstruction, Development and Stabilisation) für des Westbalkan aus, es soll durch ein neues Instrument ersetzt werden.

Politische Instabilität, Migrationsdruck und grenzüberschreitende Kriminaltiät, die durch wirtschaftliche Probleme und Isolation unterstützt werden, sind weitere Risiken der Erweiterung. Dies zeigt wie wichtig es ist, die Staaten des Westlichen Balkans schneller in die EU heranzuführen bzw. zu integrieren (CALIC 2005: 1-6).

Nach Außenminister Frank Walter Steinmeier herrscht derzeit ein „Spannungsverhältnis zwischen der Aufnahme- und Integrationsfähigkeit der Union und dem Ziel der dauerhaften Stabilisierung der politischen Verhältnisse auf dem Balkan". Einerseits wird die Beitrittsperspektive der Länder des Westlichen Balkans im Rahmen des SAP bekräftigt und die Sicherheit des Balkans und damit Gesamteuropas unterstrichen. Andererseits wird auf das aktuelle Kriterium der begrenzten Aufnahmefähigkeit der EU verwiesen. Hierzu Elmar Brok (EVP-DE (CDU/CSU)): wenn „das Kriterium der Aufnahmekapazität von der Europäischen Union ernst genommen wird, müssen selbst Beitrittskandidaten, die alle politischen und wirtschaftlichen Kriterien erfüllen, abgelehnt werden, wenn die EU selbst nicht zur Aufnahme neuer Mitglieder in der Lage ist." Als Alternative schlug Brok vor, zwischen Vollmitgliedschaft und EU-Beziehungen im Rahmen der europäischen Nachbarschaftspolitik (siehe auch Kapitel 5.1) eine weitere Integrationsstufe mit multilateraler Struktur, z.B. in Form eines Wirtschaftsraumes Plus", einzuführen (SITZLER 2006: 121f).

Wenn die Integration der Staaten des Westlichen Balkans nicht gelingt, so besteht die Gefahr nicht nur neue Kriege, sondern auch Probleme wie Menschenhandel und Schmuggel gegen die schwer angegangen werden kann (MEISNER 2006).

5. Alternative Integrationskonzepte für die Türkei

Die EU ist nicht in der Lage eine unbegrenzte Anzahl von Ländern in ihr politisches System aufzunehmen. Aus diesem Grund müssen andere Formen der Integration unterhalb der Vollmitgliedschaft die Erweiterung ergänzen. Hierbei handelt es sich um Modelle, die zwischen Vollmitgliedschaft und Nachbarschaftspolitik liegen und für alle Staaten gedacht sind, die in naher Zukunft der EU nicht beitreten können oder wollen. Die Thematik soll an 2 beispielhaften Modellen dargestellt werden. In Tab. 6 sind weitere Modelle aufgeführt.

5.1 Die Europäische Nachbarschaftspolitik (ENP)

Laut Europäischer Kommission zielt die ENP darauf ab „Wohlstand zu exportieren und Stabilität zu importieren" (Internet 3, 2006) einen Ring befreundeter Staaten zu gestalten, „mit denen die Europäische Union enge, friedliche und kooperative Beziehungen unterhält" (STRATENSCHULTE 2004: 95). Folgender Zielkatalog wurde bislang durch die Europäische Kommission ausgearbeitet:
- Ausdehnung des Binnenmarktes auf die Partnerstaaten
- Die Integration der Infrastrukturnetze und die Ausweitung des Europäischen Forschungsraums
- Die intensivere Zusammenarbeit im Bereich der inneren Sicherheit (ebd.: 97)

Die so genannten Aktionspläne stellen das Hauptinstrumentarium dar, dessen sich die neue ENP bedient. „Dabei handelt es sich um gemeinsame von EU und Partnerländern entwickelte länderspezifische mehrjährige Programme, die für ein breites Spektrum von Politikfeldern Zielvorgaben sowie Maßnahmen zu deren Umsetzung enthalten; nach den politischen Vereinbarungen der Aktionspläne richtet sich die Zuteilung der EU-Hilfen (Internet 4, 2006)." Das Inkrafttreten der Aktionspläne erfolgt durch die Billigung der spezifischen bilateralen Partnerschafts- und Kooperations- bzw. Assoziationsräte (EU + Nachbarstaat). Die ersten Aktionspläne wurden im Jahre 2004 von der Kommission veröffentlich und bereits durch die Staaten Ukraine und Moldawien bestätigt (ebd). Bestehende Partnerschafts-, Kooperations- und Assoziierungsabkommen sollen zunächst bestehen bleiben und als Vertragsgrundlage für die neue ENP dienen. Wenn die in den Aktionsplänen gesetzten Ziele erfüllt sind, könnte das Vorhaben die gegenwärtigen Abkommen durch so genannte „Europäischer Nachbarschaftsabkommen" (ENA) schon zur nächsten EU-Haushaltsperiode realisiert werden (HUMMER 2005: 214). „Diese „privilegierte Nachbarschaft mit den Nachbarn" beruht auf einer gegenseitigen Verpflichtung auf gemeinsame Werte in den Bereichen Rechtstaatlichkeit, „good governance", Achtung der Menschenrechte, einschließlich der Minderheitenrechte, Förderung gutnachbarschaftlicher Beziehungen und Prinzipien der Marktwirtschaft sowie nachhaltige Entwicklung" (Internet 6, 2006). Ferner soll die Zusammenarbeit in Hinblick auf sicherheitspolitische Fragen intensiviert werden (HUMMER 2005: 214).

5.2 Privilegierte Partnerschaft

Die privilegierte Partnerschaft hat das Ziel, die Türkei langsam an EU-Standards heranzuführen, wobei eine Vollmitgliedschaft definitiv ausgeschlossen ist. Konkret bedeutet das, dass die Zusammenarbeit zwischen EU-Ländern und Nicht-EU-Ländern auf politischer und wirtschaftlicher Ebene, wie beispielsweise Teilnahme am Binnenmarkt und im Bereich Justiz und Inneres, erfolgt. In Deutschland wurde die privilegierte Partnerschaft von den Unionsparteien CDU/CSU als Alternative zur

Vollmitgliedschaft der Türkei vorgeschlagen. Nach Meinung von CDU/CSU kann es der EU auch ohne Vollmitgliedschaft gelingen, die Türkei politisch und wirtschaftlich zu stabilisieren (ZU GUTENBERG 2004).

Im Rahmen einer privilegierten Partnerschaft würde der Türkei an allen Sitzungen der EU-Institutionen lediglich eingeräumt sich daran zu beteiligen. Ein Mitentscheidungsrecht würde nicht gewährt werden. Für die Türkei würde sich nichts verändern, denn Konsultationsrechte stehen Ankara bereits heute zu. Deshalb ist das Ziel der Türkei, Teil des europäischen Entscheidungsmechanismus zu werden und wirklichen Einfluss ausüben zu können.

Die türkische Regierung und die Mehrheit der Bevölkerung lehnen das Modell der privilegierten Partnerschaft als „Mitgliedschaft zweiter Klasse" ab (QUAISSER 2004).

Integrationsgrad	Perspektive der Vollmitgliedschaft	Teilnahme an den EU-Fonds für strukturschwache Regionen und Landwirtschaft	Teilnahme am Europäischen Währungssystem und Einführung des Euro	Teilnahme am Binnenmarkt	Möglichkeit zur Ausweitung der Integration auf andere Sachbereiche	Recht auf Mitentscheidung im Rat
Europäischer Wirtschaftsraum+	Möglich	Eingeschränkt vorgesehen	Eingeschränkt vorgesehen	Eingeschränkt vorgesehen, keine Arbeitnehmerfreizügigkeit	Primär vorgesehen für handelspolitische Sachthemen	Keine Mitentscheidung-, aber Konsultationsrecht vorgesehen im Rahmen des Erweiterten Europäischen Wirtschaftsraumes
Erweiterte Assoziierte Mitgliedschaft	Nicht vorgesehen	Eingeschränkt vorgesehen	Eingeschränkt vorgesehen	Eingeschränkt Vorgesehen, keine Arbeitnehmerfreizügigkeit	Primär vorgesehen für handelspolitische Sachthemen	Keine Mitentscheidung-, aber Konsultationsrecht vorgesehen im Rahmen des Erweiterten Europäischen Wirtschaftsraums
Abgestufte Integration	Vorgesehen	Eingeschränkt vorgesehen	Stufenweise und konditioniert vorgesehen	Stufenweise und konditioniert vorgesehen	Stufenweise und konditioniert vorgesehen	Vorgesehen für integrierte Bereiche (sektorales Mitentscheidungsrecht) aber ohne Veto-Recht
Junior-Mitgliedschaft	Vorgesehen	Eingeschränkt vorgesehen	Stufenweise und konditioniert vorgesehen	Stufenweise und konditioniert vorgesehen	Stufenweise und konditioniert vorgesehen	Vorgesehen für integrierte Bereiche (sektorales Mitentscheidungsrecht) aber ohne Veto-Recht
Privilegierte Partnerschaft	Nicht vorgesehen	Nicht vorgesehen. Teilnahme an Ausschreibung für Umwelt-, Kultur- und Bildungsprogramme vorgesehen	Nicht vorgesehen	Eingeschränkt vorgesehen, Positionspapier der CDU/CSU: Ausbau der Zollunion zu einer Freihandelszone	Eingeschränkt vorgesehen	Kein Mitentscheidungs-, aber Konsultationsrecht vorgesehen im Rahmen der Außen- und Sicherheitspolitik
Europäische Nachbarschaftspolitik (ENP)	Nicht vorgesehen	Nicht vorgesehen. Teilnahme an EU-Programmen auf dem Bildungs- und Forschungssektor	Nicht vorgesehen	Nicht vorgesehen	Eingeschränkt vorgesehen	Keine Mitentscheidung im Rat

Tab. 6: Vergleich der EU-Integrationsmodelle
Quelle: KARAKAS 2005: 14

6. Fazit

Bezüglich der Chancen und Risiken einer Vollmitgliedschaft der Türkei, überwiegen die Ersteren wesentlich. Obwohl auf der politischen Ebene zeitweise Befürchtungen – in Anbetracht von Reformen, welche die nationale Integrität berühren – aufkommen, sind diese im Allgemeinen als überwindbar zu betrachten. Viele Politiker unterstützen die europäische Perspektive und erweisen sich als reformfreudig. Ebenfalls ist in der Gesellschaft eine Europabegeisterung zu erkennen.

Was die Chancen und Risiken aus einer türkischen Mitgliedschaft für Europa anbelangt, so sind verschiedene Modelle zu hören. Vor allem werden Argumente vorgetragen, welche die Thesen der anderen Seite zu untergraben versuchen. Schon die Frage, ob die Türkei ein europäisches Land sei, führt zwischen den Befürwortern und Gegnern zu keinerlei Kompromissbereitschaft. Wenn sich Heinrich A. Winkler gegen einen türkischen EU-Beitritt aus den Gründen der Inkompatibilität mit dem "Projekt Europa" ausspricht, kann er diese Behauptung jedoch nicht aufrechterhalten. Das Problem seiner Argumentation liegt darin, dass er Europa als ein geographisches Gebilde mit gemeinsamer historischer Prägung und Erfahrung bezeichnet. Dies stellt er auch als notwendiges Fundament für eine Voraussetzung der Europazugehörigkeit hin. Um die Europazugehörigkeit der ost- und südosteuropäischen Staaten zu rechtfertigen, argumentiert Winkler, dass diese sich die politische Kultur des Westens angeeignet haben. Somit übergeht er seine eigene These von der Voraussetzung der "historisch-kulturellen" Prägung eines europäischen Landes. In diesem Sinne eignete sich die Türkei ebenfalls die politische Kultur des Westens und dies schon im Verlauf der letzten 150 Jahre.

Im Hinblick auf die kulturelle Dimension, wird die Türkei als "das Andere" bezeichnet. Begründet wird dies durch die islamische Kultur, welche in der Türkei dominiert. Doch diese kulturelle Abgrenzung, beruhend auf Religion, ist im 21. Jahrhundert der Konfrontation zwischen dem Islam und dem Westen, nicht wünschenswert. Erst recht nicht, wenn in den westlichen Staaten mehr als 40 Millionen Muslime leben. Sie als "die Anderen" zu bezeichnen würde genau jene politische Stabilität der westlichen Staaten gefährden. In einer anderen Gegenargumentation wird der Türkei ihre "Andersartigkeit" im Bezug auf die politische Kultur als Hindernis für einen Beitritt entgegengebracht. Doch wird übersehen, dass die Türkei die politische Kultur zum Vorbild Europas genommen hat. Weiterhin wird versucht, über die Differenzen der Identität die Türkei aus Europa auszuschließen. Die Türkei zeigt jedoch sowohl eine islamisch, als auch eine europäisch geprägte Identität. Dies sollte eher als Gewinn betrachtet werden und nicht als Grund für eine Ablehnung.

Im Falle einer Ablehnung einer Vollmitgliedschaft, sollte man sich auch nicht von einer Islamisierung der Türkei fürchten. Die Türkei ist seit 80 Jahren ein laizistischer Staat, dessen Islam modern und aufgeklärt ist. Die Verwestlichung in diesem Land ist zu weit fortgeschritten und verankert, als das der Westen als ein "Feindbild" herangezogen werden könnte. Daher entspricht es nicht der Realität, wie es die Befürworter einer Mitgliedschaft propagieren. Die Türkei ist auf wirtschaftlicher, militärischer und gesellschaftlicher Basis stärker an den Westen gebunden, als an die islamische Welt.

Dennoch würde eine Ablehnung nicht ohne Folgen bleiben. Vor allem würden die eingeleitenden Reformen zum Stillstand kommen, teilweise sogar aufgehoben. Der Staat würde als stabilisierender Akteur wieder eingreifen. Dies kann jedoch nicht das Scheitern der laizistischen Republik bedeuten. Im Anbetracht der kulturellen Vereinbarkeit lässt sich feststellen, dass die türkische Kultur eine Bereicherung für Europa sein kann. Im Gegensatz zu Wehler, dessen Meinung nach die europäische Kultur im Falle des türkischen Beitritts in Gefahr geraten würde. Dies ist nicht nachvollziehbar, da es keine einheitliche, europäische Kultur existiert, sondern allein ein Kulturraum.

In Bezug auf den Westlichen Balkan ist eine Rücknahme der Beitrittsperspektive nicht möglich. Daher stellt sich die Frage ob nicht im Zuge der aktuellen Erweiterungsmüdigkeit der EU eine abgestufte Mitgliedschaft angestrebt werden sollte, beispielsweise eine „Junior-Mitgliedschaft", die den Politikern und der Bevölkerung des betroffenen Landes das Bewusstsein vermitteln würde, eine bedeutend höhere Stufe erreicht zu haben als die eines SAP. In diesem Rahmen könnte es dann zu einer Vollmitgliedschaft kommen, es muss aber nicht.

Im Abschnitt der geopolitischen Überlegungen stellt man fest, dass die geopolitische und geostrategische Lage der Türkei viele Möglichkeiten für die EU bieten kann. Diese sind jedoch auch mit Risiken verbunden, die aber überwindbar wären. Es ist bekannt, dass die EU in den Regionen Naher/Mittlerer Osten und Kaukasus/Zentralasien sehr starkes Interesse hat. Die Türkei wird hierbei als Brücke betrachtet und mit einer EU-Mitgliedschaft erhofft sich die EU, von diesen Regionen stärker zu profitieren. Die Türkei wird für die EU stets von großer Bedeutung sein, weil sie das einzige Land in diesem Raum ist, das eine zuverlässige, am Westen orientierte Außenpolitik betreibt. Ebenfalls ist die Frage der Sicherheit der europäischen Energieversorgung ein zentraler Punkt. Hier könnte der türkische Beitritt den Zugang zu diesen Ressourcen und ihre sichere Zuführung in den EU-Binnenmarkt gewährleisten. Doch bietet sie nur Zugangsmöglichkeiten zu fremden Energieressourcen. Wesentliche ökonomische Vorteile für die EU entstünden daher nicht. Anhand entsprechender Verträge mit der Türkei, könnte dies auch ohne eine Mitgliedschaft realisiert werden. Allein die politische Sicherheit der Versorgung dürfte eine wichtige Funktion spielen. Weiterhin besitzt die Türkei einen hohen sicherheitspolitischen Stellenwert gleichsam in und für sich selbst. Den Befürwortern geht es im Kern ihrer sicherheitspolitischen Erwägung um die Stabilisierung der regionalen Nachbarschaft der EU im östlichen Mittelmeer und den angrenzenden Regionen im Osten und Südosten. Mit einer Mitgliedschaft könnte die Türkei besser in der Lage sein, einen regionalen Stabilitätsbeitrag zu leisten, als dies ein von Europa abgelehnter Partner tun könnte. Die durch den Beitritt entstehende Veränderung der europäischen Außen- und Sicherheitspolitik, ist wegen der damit verbundenen Risiken und Konflikte auf Seiten der Gegner nicht wünschenswert. Dennoch kann sich die EU den politischen Herausforderungen, die aus dem besagten Raum auf sie zukommen, ohnehin nicht entziehen. Insgesamt kann die Türkei ein Faktor zur Stärkung der Stabilität und der Rolle der EU in der Region bilden. Jedoch würde der Beitritt im Bereich der Außenpolitik mit Herausforderungen einhergehen.

Bei der Analyse der sozio-ökonomischen und politisch-institutionellen Aspekte, lassen sich viele Fehldeutungen erkennen. Mit dem Beitritt wird die Türkei zu einem Nettoempfänger.

Dies als Verlust zu betrachten ist jedoch falsch. Einerseits hat die Türkei momentan ein Wirtschaftswachstum von 9,9% und andererseits kann ein Absatzmarkt von 70 Millionen Menschen weiter erschlossen werden. Gleichzeitig bietet sie als Transitland zum Nahen/Mittleren Osten und Kaukasus/Zentralasien eine hervorragende Chance für die Erschließung weiterer, lukrativer Märkte.

Im politisch-institutionellen Rahmen lässt sich erkennen, dass die Türkei mit einem Beitritt, eine bedeutende Auswirkung auf die EU-Institutionen haben wird. Die Türkei würde auf derselben Größenstufe, wie die der EU-Kernstaaten Deutschland, Frankreich und Großbritannien stehen. Unrealistisch ist es daher zu behaupten, dass die Türkei eine politisch dominante Position erhalten würde. Ein entsprechendes Gewicht im Entscheidungsverfahren würde ihr zwar zuteil, doch würde sie wie alle EU-Staaten darauf angewiesen sein, Koalitionen mit anderen Mitgliedern einzugehen, um die Entscheidung in ihrem Sinne durchsetzen zu können. Ob der EU-Beitritt der Türkei als Zeichen für den Dialog der Kulturen verstanden werden kann, ist positiv zu beantworten.

7. Literatur

AVENARIUS, T. (1997): In: Süddeutsche Zeitung vom 20.12.1997.

AWS (Hrsg.) (2004): *Medienpaket EU-Erweiterung Baustein 6. Die Erweiterung als Verhandlungsprozess.* Wien.

CALIC, M. J. (2005): *Strategien zur Europäisierung des Westlichen Balkan – Der Stabilisierungs- und Assoziierungsprozeß auf dem Prüfstand,* Südost-Europa, Heft 1/2005, S. 1-6.

CARGOGLU, A. & B. RUBIN (2003): *Turkey and the European Union.* London.

CHRUCH, J. G. (1992): *Across the Great Divide.* Time vom 19.10.1992.

EUROPÄISCHE KOMMISSION (Hrsg.) (2005): *EU-Nachrichten* Heft 1. Berlin.

GROSSE-HÜTTMANN, M. (2004): *Die Osterweiterung der Europäischen Union.* In: LPB (Hrsg.): Der Bürger im Staat **1** (54) : 4-10. Stuttgart.

HALUSA, M. & A. MIDDEL (2004): *EU profitiert nicht von einem Türkei-Beitritt.* In: Die Welt vom 10. 11.2004 6. Berlin.

HUMMER, W. (2005): *„Die Union und ihre Nachbarn – Nachbarschaftspolitik vor und nachdem Verfassungsvertrag",* In: Integration (Hg.), Heft 3/05.

KOMMISSION DER EUROPÄISCHEN GEMEINSCHAFT (2004): *Regelmäßiger Bericht über die Fortschritte der Türkei auf dem Weg zum Beitritt,* Brüssel 06.10.2004/SEK. (2004)/1201.

KRAMER, H. (1989): *Politische Voraussetzung eine EG-Beitritts der Türkei,* S. 90, Sankt Augustin.

KÜRSAT-AHLERS, E., TANI, D. & H.-P. WALDDORFF (Hrsg.) (1998): *Türkei und Europa.* Frankfurt am Main.

ÖGÜT, P. (2003): *Die Beitrittsoptionen zur Europäischen Kommission.* Bremen.

MEGGLE, G. (2004): *Soll die Türkei in die EU? Ein geopolitisches Contra.* Leipzig.

MEISNER, M. (2006): Historische *Anstrengung – Die Europäische Union will den Balkan integrieren – auch aus Angst vor neuen Kriegen.* Der Tagesspiegel vom 20.6.2006.

QUAISSER, W. (2004): *„Eine Erweiterung der EU wird sie nach innen und außen schwächen",* In: Handelsblatt vom 16.06.2004.

QUAISSER, W. & A. REPPEGATHER (2004): *EU-Beitrittsreife der Türkei und Konsequenzen einer EU-Mitgliedschaft.* München.

QUAISSER, W. & S. WOOD (2004): *EU Member Turkey? Preconditions, Consequences and Integration Alternatives.* München.

SCHMIDT, H. (2004): *Sind die Türkei Europäer? Nein – Sie passen nicht dazu, in: Die Zeit. EU-Erweiterung,* S. 1, Frankfurt/Main.

SITZLER, K. (2006): *Wie weiter mit der Erweiterung?* – Dokumentation, Südost-Europa, Heft 1/2006, S. 121-122.

STEINBACH, U. (1997): *Islamischer Staat Türkei? Folgerungen für die europäische Politik,* In: Internationale Politik 52 (2).

STEINBACH, U. (1998): *Die Türkei, der Nahe Osten und das Wasser. Verschiebung des Kräftegleichgewichts,* In: Internationale Politik 53 (1), S. 9-16.

STEINBACH, U. (2000): *Der EU-Beitritt der Türkei. Pro: Sicherheitspolitischer Stabilitätsfaktor,* In: Internationale Politik, 55 (11), S. 55-58.

STEINBACH, U. (2004): *Die Türkei und die EU. Die Geschichte richtig lesen,* In: Aus Politik und Zeitgeschichte, B 33-34, S. 4.

STRATENSCHULTE, E. D. (2004):" *Wandel durch Annäherung – oder Selbstaufgabe? Die Politik der „neuen Nachbarschaft" und die Europäische Union",* In: Integration (Hg.), Heft 1-2/04.

THUMANN, M. (2004): *Sind die Türken Europäer? Ein Pro und Contra,* In: Die Zeit. EU- Erweiterung, S. 117, Frankfurt/Main.

Wehler, H.U. (2004): *Das Problem Türkei. Der Westen braucht den Partner – etwa als Frontstaat gegen den Irak. Aber in die EU darf das muslimische Land niemals,* In: Die Zeit, S. 107f., Frankfurt/Main.

WINKLER, H.-A. (2003): *Grenzen der Erweiterung. Die Türkei ist kein Teil des "Projekts Europa",* In: Internationale Politik, 58 (2), S. 64.

WOYKE & WICHARD (2002): *EU-Erweiterung als Herausforderung - Kopemhagener Kriterien.* In: Bundeszentrale für politische Bildung (Hrsg.): Informationen zur politischen Bildung aktuell. 3-4. Bonn.

WOYKE & WICHARD (2002): *EU-Erweiterung als Herausforderung - Verfahrensstationen.* In: Bundeszentrale für politische Bildung (Hrsg.): Informationen zur politischen Bildung aktuell. 5-6. Bonn.

ZU GUTTENBERG, K.-T. (2004): *„Die Beziehungen zwischen der Türkei und der EU – eine Privilegierte Partnerschaft"*, hrsg. von der Hanns-Seidel-Stiftung.

Andere verwendete Quellen:

Internet:

- Internet 1, 2004: Die "historische" Angst der Europäer vor den Türken. (http://www.europaspiegel.de/index/artikel430/page5/1, Zugriff am 13..06.2006)
- Internet 2, 2006: Beitrittskandidat Türkei. (http://www.bundesregierung.de/artikel-,413.458913/Beitrittskandidat-Tuerkei.htm, Zugriff am 16.06.2006)
- Internet 3, 2006: EU-Kommission, Binnenmarkt, Erweiterung. (http://europa.eu.int/comm/internal_market/ext-dimension/neighbourhood/index_de.htm, Zugriff am 30.06.2006)
- Internet 4, 5 und 6, 2006: Europäische Nachbarschaftspolitik (http://www.weltpolitik.net/Sachgebiete/Europ%E4ische%20Union/Politikfelder/Europ%E4ische%20Nachbarschaftspolitik/, Zugriff am 10.07.2006)